OBSERVATIONS

ET CONSIDÉRATIONS NOUVELLES

SUR

L'HYDROTHÉRAPIE.

DEUXIÈME MÉMOIRE

Présenté à la Société Médicale d'Indre-et-Loire

PAR LE DOCTEUR DUFAY, DE BLOIS,

Membre Associé-Correspondant.

Séance du 5 mai 1865.

BLOIS

IMPRIMERIE LECESNE, RUE DES PAPEGAULTS

1865

OBSERVATIONS

ET CONSIDÉRATIONS NOUVELLES

SUR

L'HYDROTHÉRAPIE.

DEUXIÈME MÉMOIRE

Présenté à la Société Médicale d'Indre-et-Loire

PAR LE DOCTEUR DUFAY, DE BLOIS,
Membre Associé-Correspondant.

Séance du 5 mai 1865.

L'année dernière, j'avais l'honneur de soumettre à la *Société médicale d'Indre-et-Loire* un exposé général des INDICATIONS ET DES EFFETS DU TRAITEMENT HYDROTHÉRAPIQUE.

Qu'il me soit permis aujourd'hui, Messieurs, de vous présenter des faits à l'appui des théories énoncées, ainsi que je m'y suis engagé en terminant mon précédent Mémoire.

Les exemples de succès de la médication *tonique reconstituante* sont si nombreux, si connus, que je me bornerai à choisir quelques cas seulement parmi les plus frappants.

A. Mlle de***, âgée de onze ans, est adressée à Saint-Denys par mon ami le docteur Arnoult, de Blois. Cette jeune fille a beaucoup grandi depuis deux ans; elle est pâle, molle, a peu d'appétit et cependant ne paraît pas maigre ; la peau est doublée d'une couche de tissu cellulaire infiltré de sérosité. Forces musculaires nulles, anhélation produite par le moindre exercice.

Après deux mois de traitement hydrothérapique, cette chloro-anémie lymphatique si prononcée ne laissait plus aucune trace. Les forces, l'appétit, le teint étaient revenus. Mlle de*** montait au pas de course les coteaux les plus rapides.

B. Un jeune Anglais est envoyé par M. le professeur Bouillaud. Il semble n'avoir que 14 ans, tandis qu'il en a 18. Il porte la tête en avant, se traîne plutôt qu'il ne marche. Un seul exercice ne le fatigue pas; c'est la pêche à la ligne. Son thorax, très étroit, ne permet qu'une respiration incomplète. Il mange beaucoup et digère mal.

Au bout de neuf semaines d'hydrothérapie, aidée d'exercices gymnastiques, la poitrine s'était développée, les muscles avaient acquis une vigueur peu commune, à ce point que notre jeune homme traversait la Loire à l'aviron, seul et sans se laisser entraîner d'un mètre par le courant si rapide.

C. Un garçon de 15 ans vient d'après le conseil de M. le docteur Thomas, de Tours. Il est d'une taille extraordinaire (près de deux mètres), d'une maigreur aussi excessive que sa taille. Pour monter un escalier, il lui faut le bras d'un aide d'un côté et la rampe de l'autre. On le croirait atteint d'une paraplégie, tandis qu'il n'y a là qu'absence de forces. Les faisceaux musculaires sont presque complètement atrophiés. Le jeune homme, que tout exercice fatigue, est resté depuis six mois couché dans un hamac pendant tout le jour. L'appétit est nul, le sommeil rare.

Après six semaines de séjour à Saint-Denys, notre squelette avait augmenté de 5 kilogrammes en poids. La canne, qui avait succédé aux béquilles, était remplacée par une simple badine. L'exercice de la promenade, du trapèze, de l'aviron lui avait rendu à la fois les forces, l'appétit, le sommeil et la gaîté.

La médication hydriatique *antispasmodique* ne compte pas moins de succès que la médication tonique, et il n'est guère de médecins qui n'aient eu occasion de le constater.

D. Une cliente de mon confrère M. le docteur Yvonneau, de Blois, laquelle, sous un embonpoint plus qu'ordinaire et toutes les apparences de la santé, cachait une affection névropathique générale, durant depuis des années, nous disait dernièrement que « l'enfer dans lequel elle vivait auparavant, elle et les personnes qui l'entourent, était maintenant un paradis. »

Cette dame, âgée d'une trentaine d'années, n'avait passé que deux mois à Saint-Denys.

E. M. le docteur Millet, de Tours, avait une de ces clientes qui font trop souvent notre tourment, parce que tous les agents thérapeutiques se montrent impuissants à leur procurer du soulagement.

Il s'agissait d'une demoiselle de 27 ans, chloro-anémique, légèrement hystérique, et souffrant presque continuellement, depuis sept ans, d'une névralgie de la cinquième paire.

Les premières semaines virent s'éloigner les crises affreuses de la névralgie, qui bientôt ne reparut plus.

Après un séjour d'un mois et demi à l'établissement, le tempérament était transformé et la santé parfaite.

F. Une demoiselle de 18 ans, soignée par M. le docteur Boncour, de Saint-Aignan, va consulter M. le docteur Duclos, de Tours, qui nous confie le soin de la délivrer d'une céphalée incessante, conséquence d'une constitution chloro-anémique. Il y a de l'anorexie, de la pâleur, de la maigreur.

Cette malade ne nous reste que 25 jours, au bout desquels, délivrée depuis quinze jours de son opiniâtre mal de tête, elle quitte l'établissement.

L'amélioration générale avait été surprenante, relativement à la courte durée du traitement. L'appétit était excellent; l'embonpoint commençait; la fraîcheur du teint avait reparu.

G. Une dame de 60 ans, épuisée par un régime insuffisant, par suite d'idées ascétiques, était tombée dans un état d'éréthisme nerveux vraiment inquiétant.

D'après le conseil de M. le docteur Gendrin, elle vint faire de l'hydrothérapie, et en obtint un calme nerveux remarquable, quoiqu'elle eût suivi le traitement irrégulièrement.

H. Mme J., 28 ans, habitant une commune de Loiret-Cher, a été mère et nourrice de quatre enfants. Elle est atteinte depuis plusieurs années d'une névrose générale dont la manifestation actuelle la plus saillante consiste en une céphalée qui dure depuis six mois. Gastralgie avant les repas. Vertige stomacal. Des exemples de guérison dont elle a occasion d'être témoin, la décident à venir spontanément à Saint-Denys.

Trois semaines après, elle partait complètement guérie.

I. M. le docteur Vaussin, d'Orléans, a soigné, l'année précédente, un jeune garçon de 10 ans, atteint de chorée. L'ataxie musculaire a cessé, mais il reste une susceptibilité nerveuse exagérée. Les mouvements ont une brusquerie pour ainsi dire électrique. L'enfant est d'une maigreur extrême, mange peu et dort mal. Il a eu parfois des accès de somnambulisme.

Il ne passe qu'un mois à l'établissement, — traitement insuffisant — et déjà l'agitation est très modérée. Le sommeil et l'appétit ont reparu. Un commencement d'embonpoint se manifeste.

J. Une dame, soignée par M. le docteur Meunier, de Châteaudun, souffrait depuis sept ans d'une gastralgie qui n'avait éprouvé qu'une rémission de quelques semaines, après une saison passée à Vichy, il y a quatre ans.

Un mois d'hydrothérapie fit disparaître la gastralgie qui, nous le savons, n'a pas reparu depuis. Cette dame nous fait dire que sa santé est excellente maintenant.

On obtient, dans certains cas, des procédés hydrothérapiques, un effet très complexe, à la fois *tonique-névrosthénique*, *révulsif* et, par suite, *résolutif*. Ressource précieuse dans les cas d'engorgement utérin compliqué d'accidents névrosiques.

Là encore le succès n'est pas douteux, et, lorsqu'il n'y a qu'amélioration, c'est que la durée du traitement a été insuffisante. Aux malades dociles nous pouvons, sans imprudence, promettre guérison complète. Les preuves abondent autour de nous.

D'autres fois c'est un effet *tonique, résolutif et perturbateur*, lorsqu'il s'agit de triompher de fièvres intermittentes. Notre honoré confrère M. le docteur Fée, de Salbris, nous envoie des Solognots à grosse rate, à face terreuse, que la douche délivre de leur cachexie et de tous ses effets.

K. M. le docteur Arnoult a été témoin d'une guérison de ce genre, remarquable par sa rapidité. Il nous avait adressé un jeune garçon de neuf ans, qui avait apporté de Turquie une fièvre intermittente durant depuis quatre ans, dont les accès étaient d'abord espacés de trois à quatre semaines, et qui, enfin, avait adopté le type quarte. L'enfant était profondément anémié, mais sans hypertrophie splénique bien sensible.

Après la première douche la fièvre ne revint pas. Le traitement, continué trois semaines, rétablit complètement la constitution.

Ce fait est tout à fait comparable à celui du jeune Espagnol de Cuba que nous vous citions l'année dernière.

Chez ce dernier la fièvre quarte ne durait que depuis six mois, mais le foie et la rate était hypertrophiés.

Dans les deux cas, l'hydrothérapie a guéri rapidement la maladie, qui avait résisté pendant longtemps au sulfate de quinine et au changement de climat.

La médication est, à la fois, *sudorifique* et *tonique*, quand elle est dirigée contre le rhumatisme chronique. Ici encore nous avons un pendant au tableau que nous vous tracions dans notre précédent Mémoire.

M. le docteur Aubry, de Blois, nous avait confié un malade perclus de tous ses membres, par suite d'un rhumatisme chronique général. Nous le lui rendions, après six semaines de traitement, capable de travailler comme auparavant à son état de menuisier.

L. Cette année, M. le docteur Derivère, de Blois, nous fit transporter à Saint-Denys un employé d'octroi âgé de 36 ans, retenu au lit depuis huit mois par une sciatique rhumatismale. Au bout de quatre semaines, ce malade revenait à Blois (6 kilomètres), à pied, et reprenait son service, qu'il n'a pas interrompu depuis.

M. Chez un homme de 39 ans, atteint depuis quatre ans d'hémiplégie incomplète, la douche *tonique excitatrice* a rétabli, en un mois, la tonicité musculaire, la souplesse et l'étendue des mouvements.

N. M. le professeur Trousseau a pu constater plusieurs fois l'action avantageuse de l'hydrothérapie contre la maladie de Graves.

Chez une jeune fille de 18 ans, qui nous était adressée par M. le docteur Ferrand, de Mer, les symptômes caractéristiques étaient peu prononcés. Elle avait eu de violentes palpitations de cœur, mais elle n'en avait plus que de temps en temps. Le goître était à peine apparent ; seulement la malade avait remarqué que ses cols la serraient beaucoup, et elle avait cessé de les boutonner. L'exophthalmie était le signe le plus marqué. La constitution chloro-anémique fut promptement modifiée par l'eau froide. Le col reprit son diamètre normal et les yeux rentraient presque complètement dans l'orbite. Ils restaient pourtant encore un peu saillants et le traitement aurait dû être prolongé. Mais cette malade avait, comme tant d'autres, le préjugé des 21 jours ; *sa saison* était finie, elle pensait n'avoir rien de plus à attendre de la médication commencée.

Si l'on veut bien nous permettre une digression à propos de cette limite de 21 jours, déterminés par la périodicité du retour des menstrues, nous ferons remarquer que cette précaution, utile peut-être pour les femmes qui suivent un traitement par les bains, ne mérite aucune considération lorsqu'il s'agit d'hydrothérapie. Nous ne suspendons nullement la douche pendant l'époque menstruelle, si ce n'est pour les femmes très pusillanimes.

O. M. le docteur Dolbeau, d'Huisseau-sur-Cosson, nous a fourni l'occasion de traiter le diabète sucré par la douche *excitante*.

C'est, en effet, en excitant une sorte de fièvre artificielle répétée, que l'on peut espérer voir diminuer la proportion du sucre, comme elle diminue pendant la durée d'une fièvre spontanée.

Le malade de M. Dolbeau était un jeune homme de 24 ans, d'une maigreur excessive, ridé comme un vieillard, et d'une faiblesse telle que ses jambes avaient peine à porter le poids — très léger pourtant — de son corps. Il mangeait et buvait considérablement, et ses urines plus abondantes que la quantité de boisson qu'il absorbait, contenaient une forte proportion de sucre.

Au bout d'un mois le mauvais temps le chassa de l'établissement. La quantité d'urine quotidienne était réduite de moitié, et s'il en posait une goutte sur sa langue, il déclarait ne plus percevoir la saveur sucrée. Il était moins maigre et surtout avait plus de forces, car il pouvait se livrer au jardinage.

On peut rationnellement croire qu'un traitement de plusieurs mois eût achevé et consolidé une guérison que nous sommes loin de considérer comme définitive, malgré le résultat de l'analyse gustative au moyen de laquelle ce garçon appréciait de jour un jour la diminution de la glycose dans son urine.

P. La question de *durée* est, en effet, des plus importante en hydrothérapie. Ainsi, voici un client de M. le docteur Thomas, de Tours, chez lequel un mois de traitement a produit seulement une légère amélioration. Comment s'en étonner lorsqu'il faudrait à ce malade six mois d'hydrothérapie pendant plusieurs années successives ?

Il s'agissait d'un homme de 48 ans, atteint depuis sept ans d'ataxie locomotrice.

Les douleurs constrictives du thorax et les troubles de la vision, qui avaient été les symptômes du début, avaient disparu, ou à peu près ; mais nous constatons à l'arrivée de M. X..., la titubation asynergique, l'impossibilité de se tenir debout les yeux fermés, le balancement de la jambe, les coups de talons sur le sol, l'anesthésie cutanée des jambes.

Après quatre semaines de traitement, le balancement des jambes était moins brusque, la projection du talon sur le sol moins violente.

C'était à peine un commencement d'amélioration pouvant donner quelque espoir de succès.

L'excellent curé F... à qui M. le docteur Maugeret, de Tours, et M. Trousseau, et M. Gendrin avaient conseillé l'hydrothérapie et dont *L'Union Médicale* a publié l'observation, dans le n° 84 de 1864, nous était resté deux mois, au bout desquels l'amélioration survenue était si extraordinaire, qu'une guérison, au moins temporaire, nous paraissait certaine. Malheureusement le pauvre convalescent fut obligé de quitter Saint-Denys, et le succès obtenu ne se maintint pas.

Un traitement très longtemps continué, non pas pendant des mois, mais pendant des années, peut seul enrayer la marche de cette horrible maladie et finir — quelquefois — par en détruire les causes.

On voit que nous ne sommes pas très encourageant. Et cependant quelle est la médication capable de produire ici un pareil résultat ?

Il nous arrive bien parfois d'être moins heureux encore. En voici un exemple :

Q. M. Y... qui remplit précisément à Blois les mêmes fonctions administratives que M. X... à Tours, est un homme de 45 ans, gros, grand, très vigoureux en apparence. Chaque matin il est réveillé à cinq heures par une douleur abdominale atroce, qui diminue peu à peu et a complètement disparu à l'heure du déjeûner. L'appétit est excellent, les fonctions intestinales s'exécutent normalement.

M. Y. est constamment inondé de sueurs profuses, même dans l'immobilité. Il est hypochondriaque, il pleure à chaudes larmes pour la plus légère émotion. Enfin ce colosse, qu'on prendrait pour un hercule, est d'une faiblesse comparable à celle d'un convalescent de fièvre typhoïde.

Contre l'entéralgie, si régulièrement périodique, nous avons essayé le sulfate de quinine. Nous avons donné la belladone, les narcotiques. D'autre part, nous avons tenté de combattre les sueurs par les toniques et les astringents.

Tout se montrait également inutile.

Heureusement la belle saison approchait, et je promis à mon malade une guérison — dont je ne doutais pas — s'il se décidait à venir à Saint-Denys.

En effet, quelles conditions plus propices au succès du traitement hydriatique ? Et qui ne l'aurait conseillé ?

Eh bien, après un essai de cinq semaines il n'y avait pas la moindre amélioration.

Pourquoi ? Qui le sait ?

Quant à moi, je cherche en vain à m'expliquer les insuccès de ce genre.

Il semble si facile, au contraire, de comprendre les succès. Même dans les cas de guérison les plus extraordinaires, comme nous en voyons si souvent, l'esprit se satisfait volontiers, en songeant à la puissance d'action des procédés hydrothérapiques, aux conditions de température, de force d'impulsion de l'eau, qui excitent des réactions puissantes, non seulement dans la circulation capillaire, mais dans toutes les fonctions organiques; d'où résultent des modifications dans la nutrition générale et dans le travail d'assimilation.

Mais, en outre, il est une influence dont on n'a pas tenu compte jusqu'à présent, et qui pourrait bien être la principale : c'est l'influence *électrique*. Nous savons tous que les tissus vivants sont électrogènes, comme tous les corps doués de chaleur ou de mouvement. Les actes physiques et chimiques qui se produisent en nous sont soumis aux lois générales de la nature, d'après lesquelles toute modification dans l'état moléculaire (changement de température, combinaison, séparation) donne lieu à un dégagement d'électricité. Comme dans le monde inorganique, cette électricité se transforme à son tour en chaleur, mouvement, actions chimiques, et il peut en résulter une foule de phénomènes intimes, que nous ne connaissons pas, mais qui sont peut-être d'une importance considérable au point de vue de l'activité vitale et des conditions de la santé.

Non pas que nous admettions sans conteste les expériences de Pfaff et Ahrens, d'après lesquelles le corps humain ne produirait plus d'électricité pendant la durée d'une affection rhumatismale (1); nous pensons qu'il peut y avoir *modification*, mais non *suspension* de la faculté électrogénique.

« C'est l'électricité, dit Büchner, cette force dont on n'avait observé jusqu'à présent les effets remarquables que dans le monde inorganique, qui joue un rôle essentiel dans les procédés physiologiques du système nerveux (2). »

Or, si l'on se rappelle les expériences si curieuses pratiquées par Tyndall (3), au moyen de la pile thermo-électrique, expériences dans lesquelles la plus légère variation dans la température d'un corps se décèle par une production d'électricité, n'admettra-t-on pas que le simple contact de l'eau froide sur le corps humain devra être suivi d'un effet analogue?

Et si, au lieu du simple contact, il y a projection, l'action ne sera-t-elle pas différente, et ne variera-t-elle pas encore suivant le degré de force de la douche?

Enfin, l'effet ne sera-t-il pas considérablement multi-

---

(1) Article ELECTROGÉNÈSE du Dictionnaire de Nysten, édition Littré et Robin.

(2) FORCE ET MATIÈRE, par le docteur Louis Büchner. Traduction française de Gros-Claude. 1865 (2e édition).

(3) LA CHALEUR CONSIDÉRÉE COMME UN MODE DE MOUVEMENT, par John Tyndall. Traduction française par l'abbé Moigno. 1864.

plié, lorsque la douche froide succédera à la sudation ?

Les applications de glace sur le rachis agiraient, suivant M. Chapman (1), comme un puissant sédatif sur tous les actes vitaux dépendant de la moëlle, spécialement sur son pouvoir automatique ou excito-moteur, d'où résulterait une modification avantageuse dans les affections spasmodiques. Ici encore la température n'agit pas seule; son action ne peut être isolée de celle de l'état électrique qu'elle détermine.

Dans un Mémoire, communiqué l'année dernière à l'Académie de médecine, M. le docteur Scoutetten exprimait l'opinion que les eaux minérales n'agissent thérapeutiquement que par l'électricité qu'elles contiennent et non par leur minéralisation, si peu en proportion avec leurs effets.

Le monde médical eut le tort de s'étonner de cette assertion inattendue. Elle peut être exagérée, mais on ne peut nier qu'une part de l'effet thérapeutique doive dépendre de l'action électrique.

D'après les expériences du vénérable professeur de Strasbourg sur lui-même, lorsque le corps est dans un bain, il s'établit un courant électrique de l'eau à la surface du corps, et, même dans l'eau simple, la force de ce courant fait devier de 15 degrés l'aiguille du galvanomètre de Nobili.

M. le docteur Lambron communiquait, au mois de jan-

(1) The Lancet, page 633 (1864).

vier dernier, à la Société d'Hydrologie, le résultat de ses recherches expérimentales sur les eaux de Bagnères-de-Luchon, qui vient confirmer les faits énoncés par M. le docteur Scoutetten.

Suivant M. Lambron, l'électricité développée dans les eaux sulfureuses est spécialement due à des transformations chimiques, s'opérant à la surface qui se refroidit au contact de l'air.

Il est évident que les mouvements moléculaires produits par les décompositions et les combinaisons nouvelles sont une source d'électricité, comme ceux produits par les variations de température.

Mais revenons à la douche hydrothérapique et résumons les considérations qui précèdent :

Que les variations de température déterminées par la douche soient de cause physiologique ou de cause physique ; qu'elles soient le résultat d'une réaction organique, ou produites simplement par le contact de l'eau, elles donneront lieu, dans les deux cas, à des modifications en plus ou en moins dans l'état électrique du corps.

Ces modifications peuvent avoir une influence considérable sur les phénomènes les plus importants de la vie, comme le fonctionnement des nerfs vaso-moteurs, les sécrétions et les absorptions interstitielles, la circulation capillaire lymphatique et sanguine, le mode de nutrition général,...phénomènes dont l'évolution normale constitue la santé.

Ces actions diverses de la douche, physiologiquement proportionnées aux constitutions, aux tempéraments, et rationnellement combinées d'après des indications multiples, donnent l'explication des effets, pour ainsi dire merveilleux, de l'Hydrothérapie.

APPENDICE.

Malgré les excellentes raisons invoquées par le savant créateur de l'hydrothérapie rationnelle et méthodique, M. le docteur Fleury, nous n'administrons pas nous-même les douches à Saint-Denys. Aux yeux des médecins, il serait mieux que nous le fissions, sans doute, mais combien de malades du sexe féminin renonceraient pour ce motif au bénéfice du traitement hydrothérapique, qui est, le plus ordinairement, la dernière ressource sur laquelle ils puissent compter.

Il n'est pas aussi difficile qu'on pourrait le croire, d'ailleurs, de former une bonne doucheuse. Puis les malades passent sous nos yeux, en sortant du pavillon de traitement et nous pouvons juger de l'effet produit. Nous interrogeons en outre et la malade et la doucheuse, et d'après ce que nous apprenons d'elles et de notre observation personnelle, nous pouvons modifier les procédés mis en usage, si l'indication l'exige. Nos prescriptions sont, dans tous les cas, formulées avec détails précis ; et s'il est nécessaire que la douche porte spécialement sur une région limitée, nous avons soin d'en tracer le contour sur la peau avec le crayon d'azotate d'argent.

Or, sans poser en principe que le *mieux* est l'ennemi du *bien*, les résultats que nous obtenons prouvent que nous faisons *bien*, et nos malades ont la sagesse de s'en contenter.

Nous disposons, à Saint-Denys, d'une série si variée d'appareils, qu'on ne s'étonnera pas des effets multipliés que nous leur faisons produire, de manière à répondre à toutes les indications et à instituer telle ou telle médication. Qu'on en juge par la liste suivante :

Douche mobile en jet, ou lance ;	
Douche en cercles ;	
Douche en lame, ou flot.	
Douche en colonne	grosse et forte ; moyenne ; de petit diamètre.
Douche en pluie	forte, à larges gouttes ; moyenne ; poussière.
Douche rachidienne linéaire horizontale.	
Douche ascendante	en jet ; en pluie.
Piscine	eau dormante ; eau courante.
Bains entiers	ordinaires ; médicinaux.

Bains de siége	eau dormante ; eau courante.
Bains de pieds, — de jambes, — de bras,	eau dormante ; eau courante.

Douche capillaire (1) ;
Douche rectale ;
Douche vaginale.

Douche périnéale	en jet ; en pluie.
Douche de vapeur	aqueuse ; médicamenteuse.

Salle et cabinets de sudation.

Non-seulement cette série est double, pour les deux sexes, mais encore les appareils sont disposés de telle sorte qu'ils fournissent à volonté de l'eau à telle ou telle température.

De plus, la force de préjection se règle suivant les indi-

---

(1) Cette douche est précisément identique avec celle employée par notre honoré confrère, M. le docteur de Laurès, contre certaines névralgies faciales, et pour l'administration de laquelle l'ingénieux mécanicien, M. Mathieu, a construit un appareil spécial portatif. Nous revendiquons comme des guérisons dues à l'hydrothérapie, toutes celles rapportées par M. de Laurès (séance de l'Académie de médecine, 2 mai 1865). Seulement, le traitement local par la douche *capillaire* ou *filiforme*, guérit seulement l'accès névralgique, tandis que le traitement hydrothérapique complet prévient, en outre, les récidives.

cations, depuis l'affusion douce jusqu'au jet violent capable de produire des ecchymoses.

Aux médecins qui conseillent à leurs malades de faire de l'hydrothérapie chez eux, nous demanderons si la moindre comparaison est possible entre ces procédés, aussi indispensables que nombreux, et les lotions à l'éponge ou l'envelopppement momentané dans le drap mouillé. Autant dire qu'on fait de l'hydrothérapie en se lavant le visage avec le coin mouillé d'une serviette ! Ce sont des soins de propreté et d'hygiène, comme les ablutions musulmanes, mais bien incapables de mettre en jeu cette réaction physiologique curative, qui triomphe des affections les plus tenaces et donne à la constitution une grande force de résistance aux influences morbigènes qui pourront la menacer à l'avenir.

D'autre part, l'eau n'est pas le seul agent thérapeutique qu'on doive demander aux établissements hydrothérapiques. L'air de la campagne, un site élevé, une exposition convenable, sont des éléments non moins puissants de guérison, et dont les habitations particulières ne jouissent pas toujours.

Ajoutons qu'il est une foule de circonstances dans lesquelles l'éloignement des affaires, des plaisirs et des obligations de la vie mondaine, le repos de l'esprit et les exercices corporels sont d'une absolue nécessité ; et l'on comprendra que l'insuccès des essais d'hydrothérapie domestique ne doit nullement faire désespérer du succès de l'hydrothérapie médicale.

Imp. Lecesne, à Blois.